U0397237

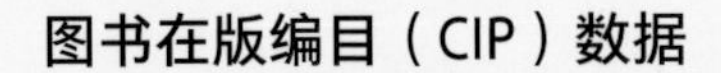

100万个点 /（德）斯文 · 沃尔克著；芥子国译. 一
北京：北京联合出版公司，2021.5
ISBN 978-7-5596-5158-7

Ⅰ. ①1… Ⅱ. ①斯… ②芥… Ⅲ. ①数学 - 儿童读物
Ⅳ. ①O1-49

中国版本图书馆CIP数据核字（2021）第053822号

A MILLION DOTS By SVEN VOLKER

100万个点

作　　者：（德）斯文 · 沃尔克　　译　　者：芥子国
出 品 人：赵红仕　　出版监制：辛海峰　陈　江
责任编辑：牛炜征　　特约编辑：郭　梅
产品经理：魏　傩　　版权支持：张　婧
装帧设计：人马艺术设计 · 储平　　美术编辑：任尚洁

北京联合出版公司出版
（北京市西城区德外大街83号楼9层　100088）
北京联合天畅文化传播公司发行
天津丰富彩艺印刷有限公司印刷　新华书店经销
字数 3千字　889毫米 × 1194毫米　1/16　3印张
2021年5月第1版　2021年5月第1次印刷
ISBN 978-7-5596-5158-7
定价：48.00元

100万个点

Sven Völker

A Million Dots

[德] 斯文·沃尔克——著

芥子国——译

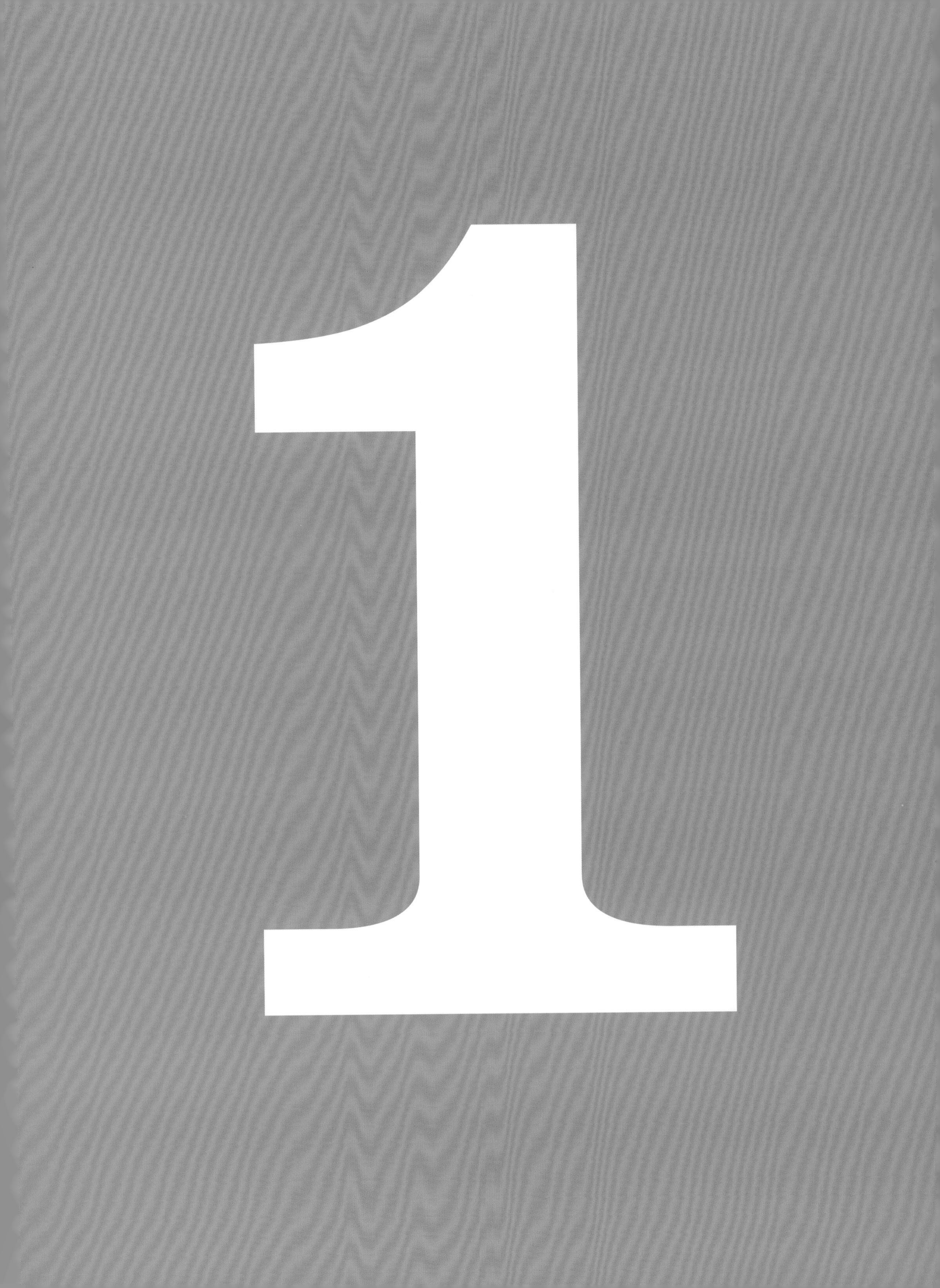
1

one

1 + 1 =

two

两个点

2 + 2 =
4

four

四个点

4 + 4 =

八个点

8 + 8 =

16

sixteen

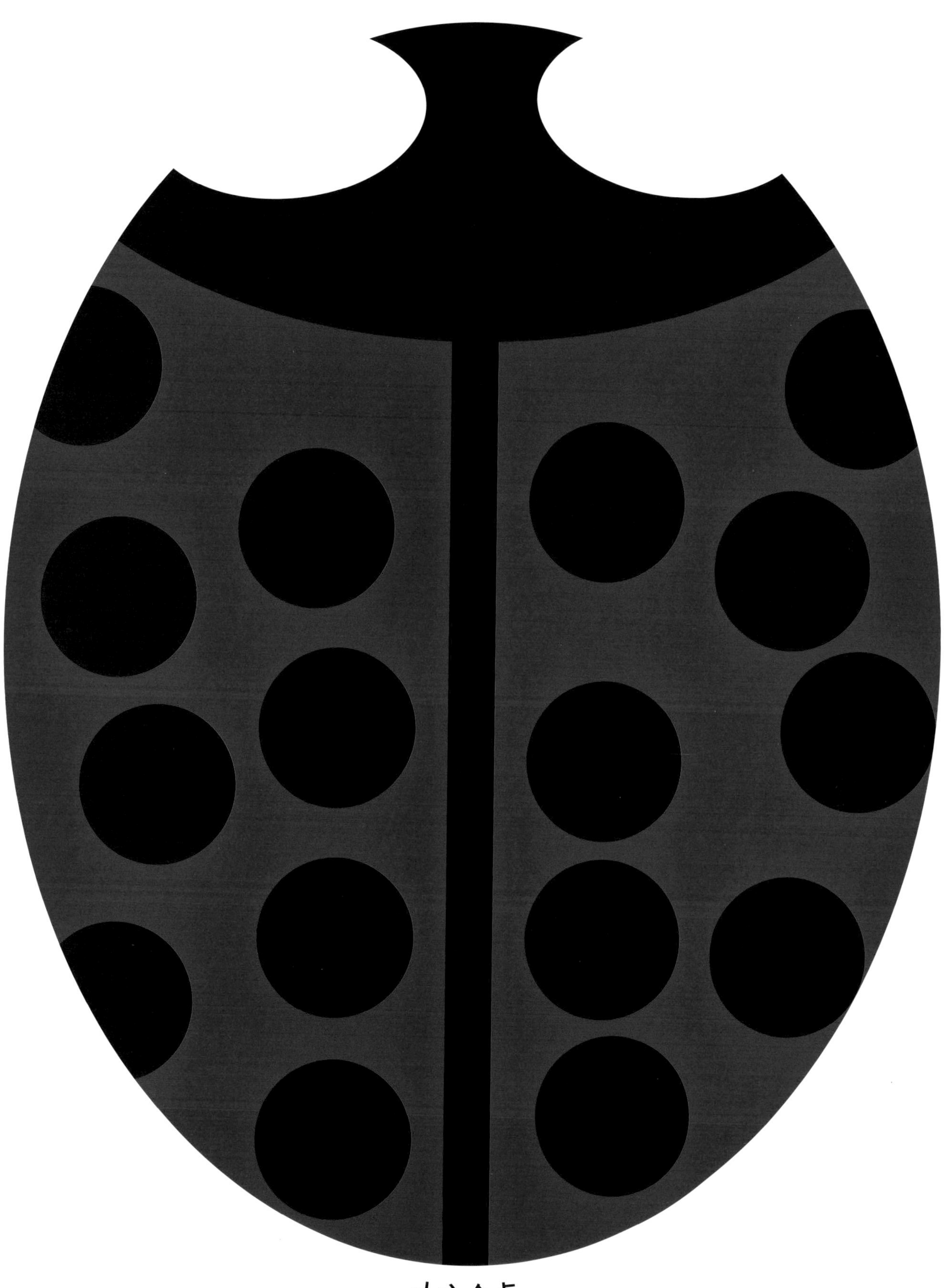

十六个点

16 + 16 =

32

thirty-two

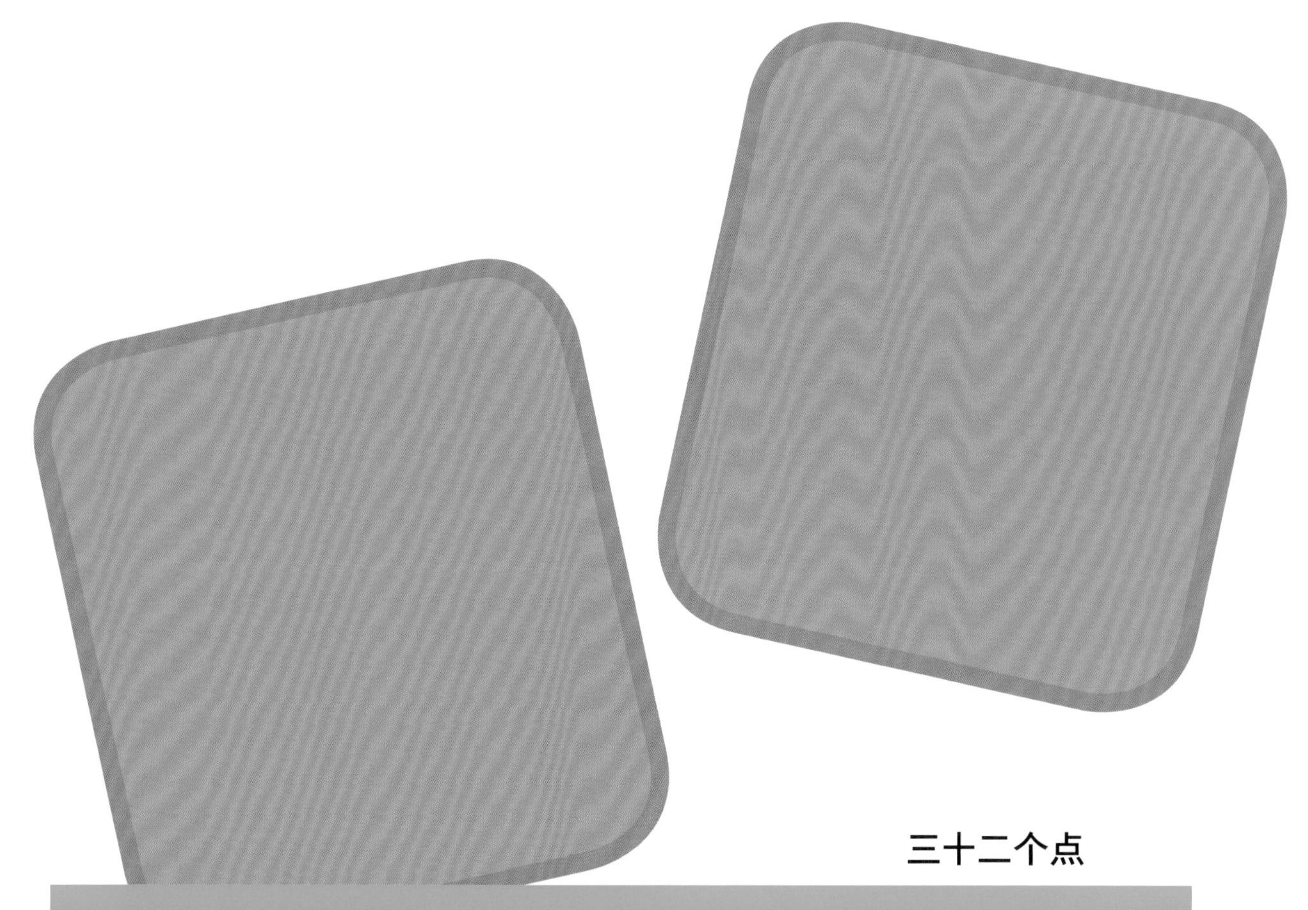

三十二个点

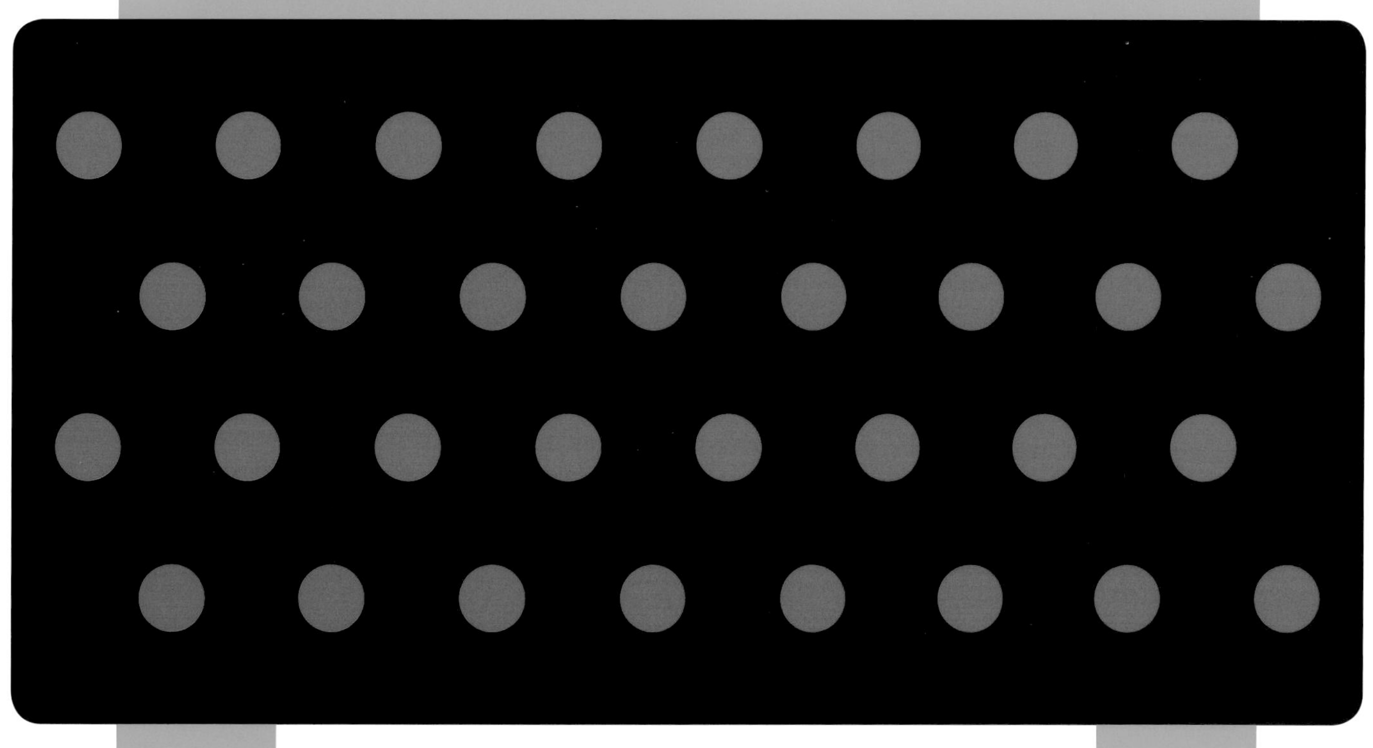

32 + 32 =

64

sixty-four
六十四个点

64 + 64 =

128

one hundred and twenty-eight

一百二十八个点

128 + 128 =

256

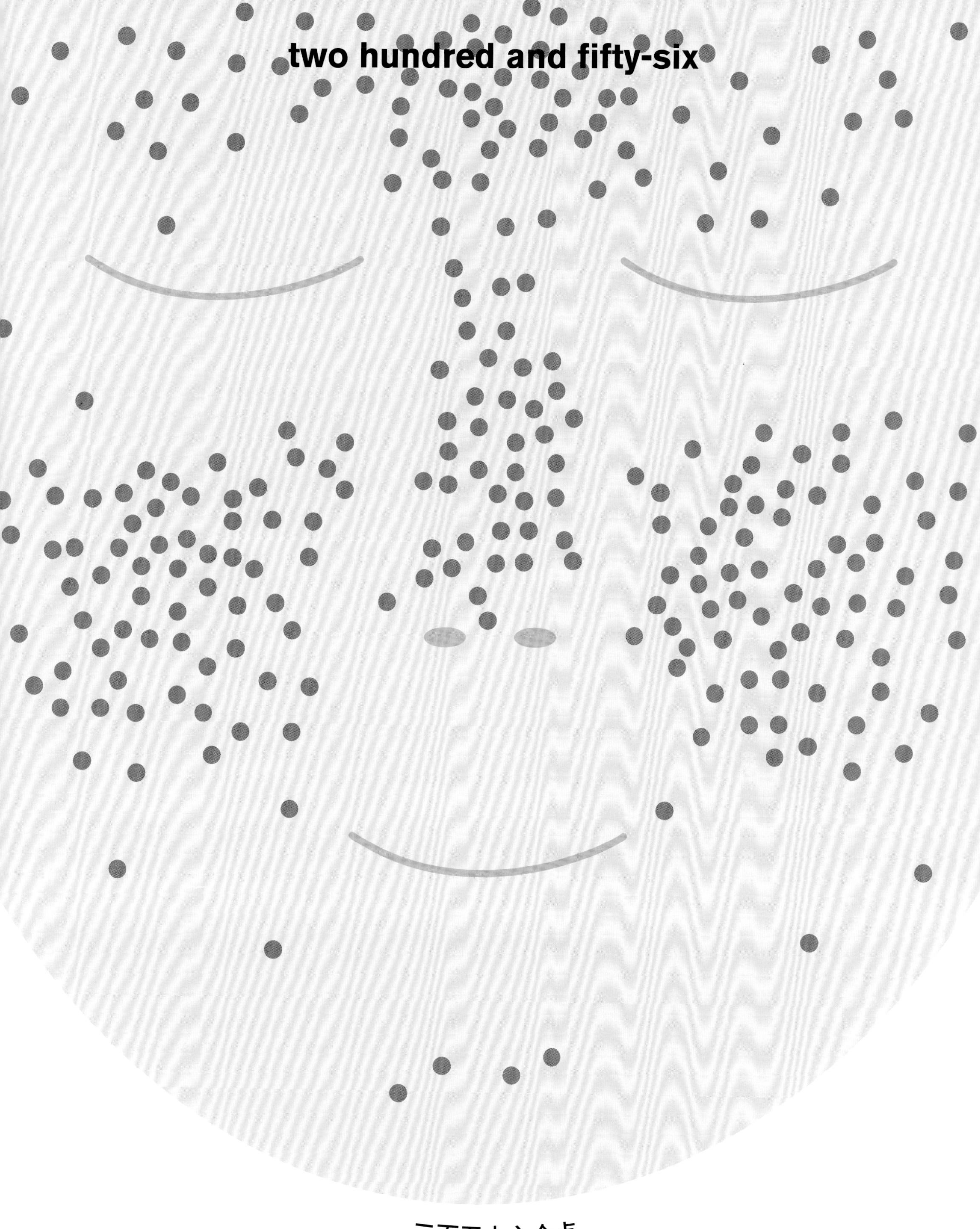

二百五十六个点

256 + 256 =

512

five hundred and twelve

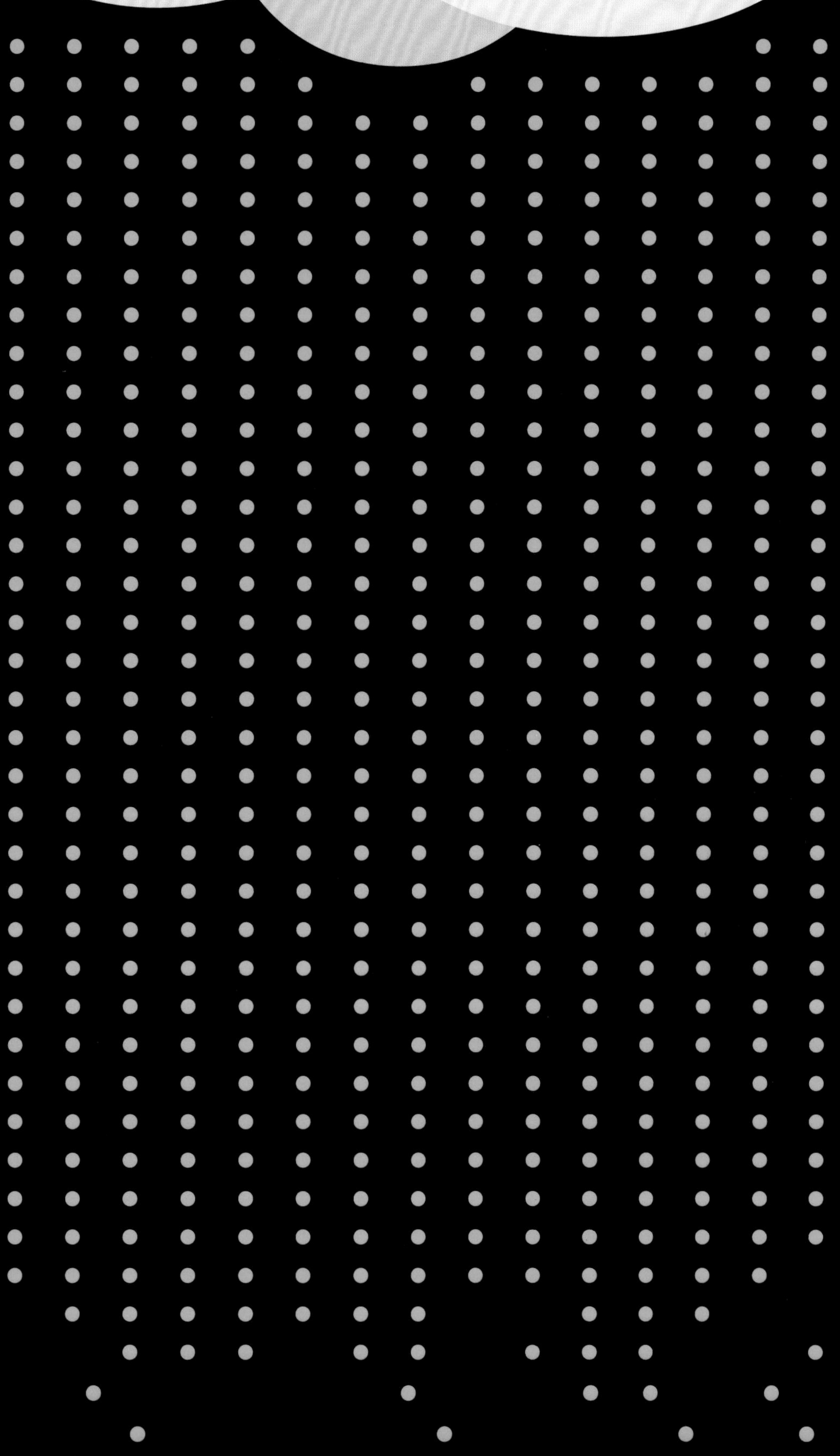

五百一十二个点

512 + 512 =

1,024

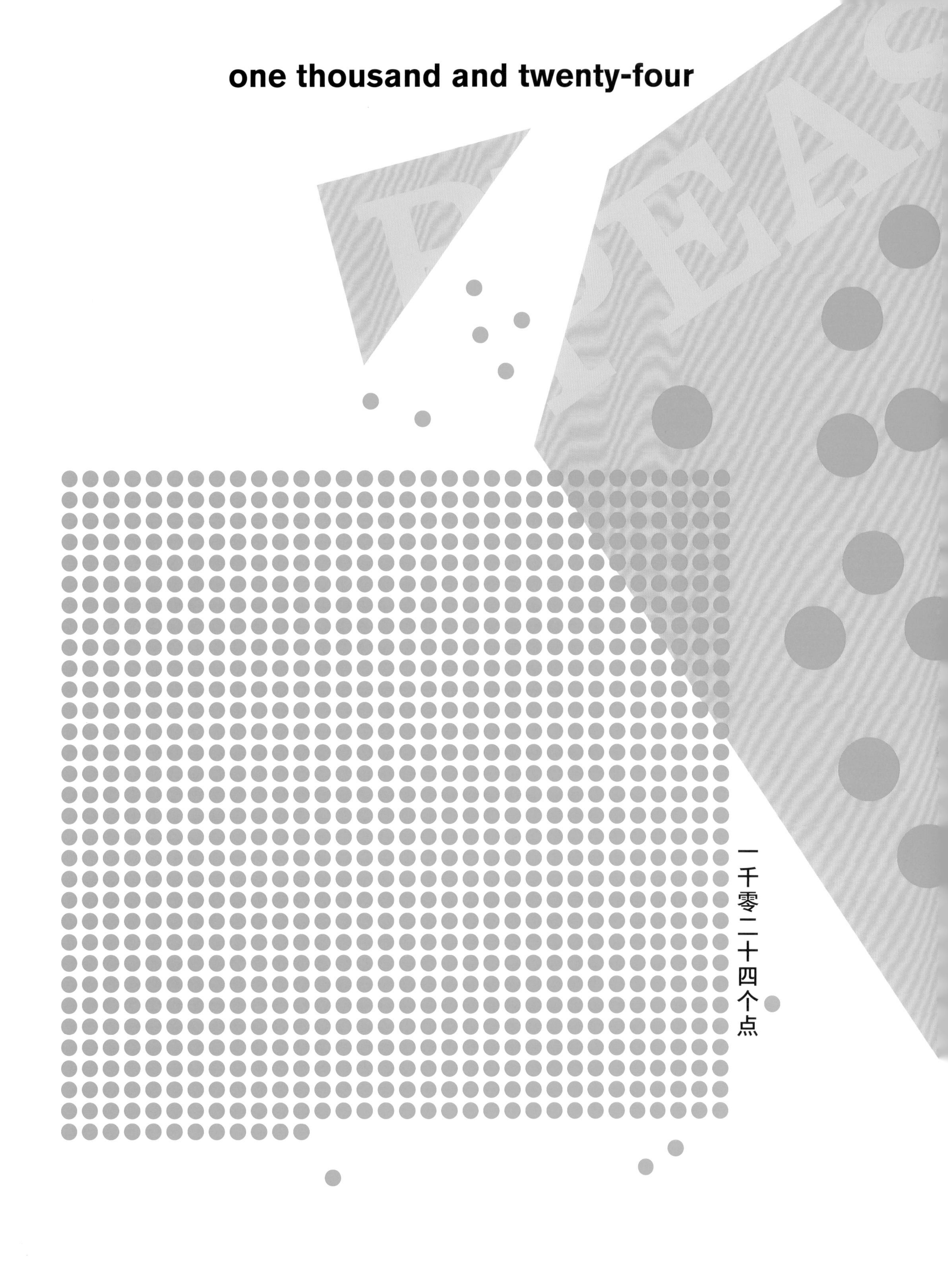
one thousand and twenty-four
一千零二十四个点

1,024 + 1,024 =

2,048

two thousand and forty-eight

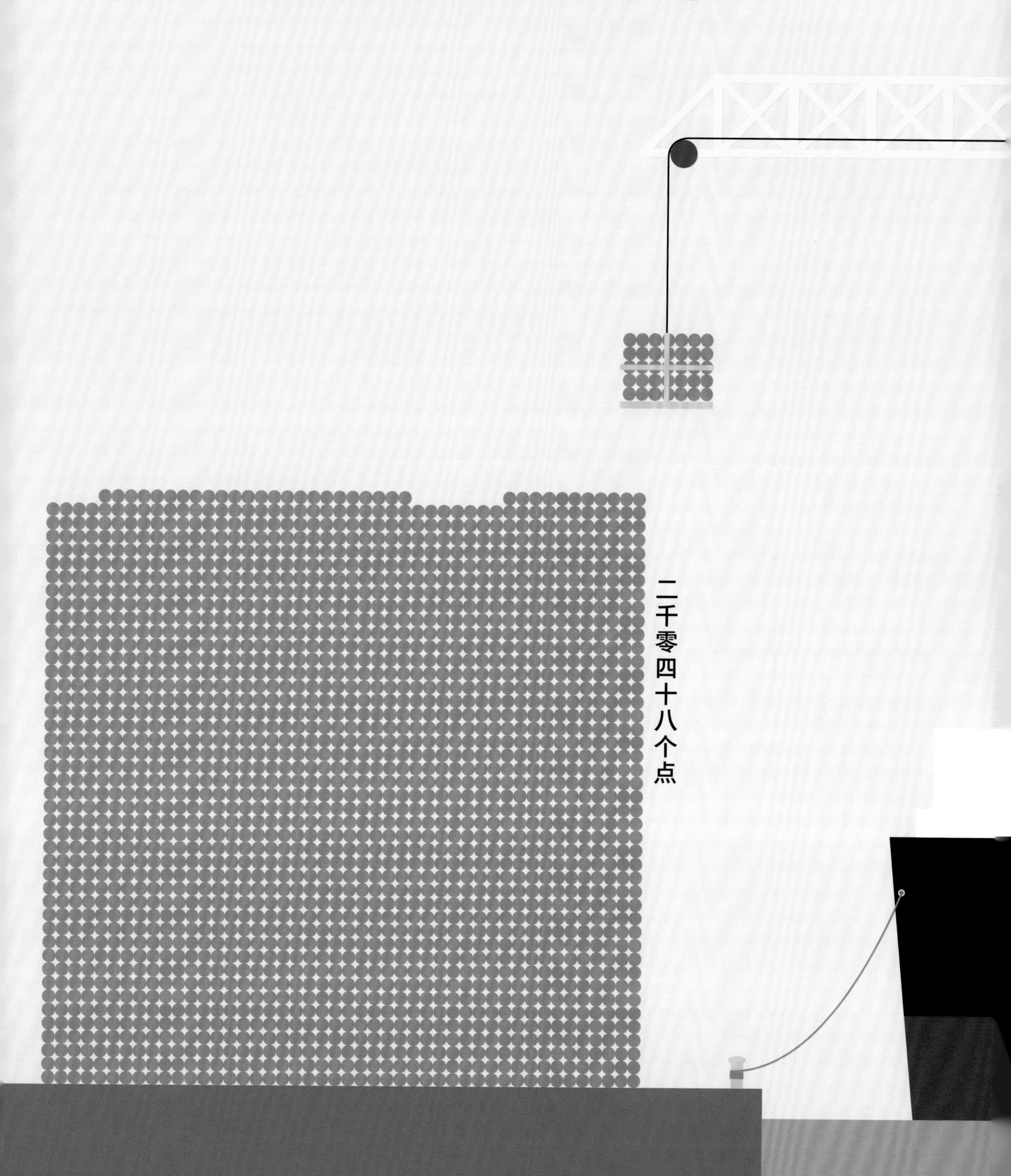

2,048 + 2,048 =

4,096

four thousand and ninety-six

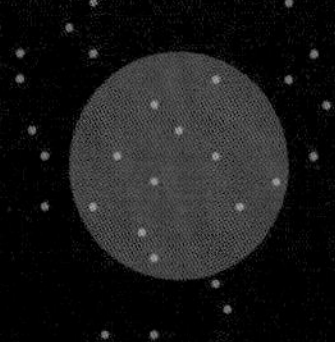

四千零九十六个点

4,096 + 4,096 =

8,192

eight thousand, one hundred and ninety-two

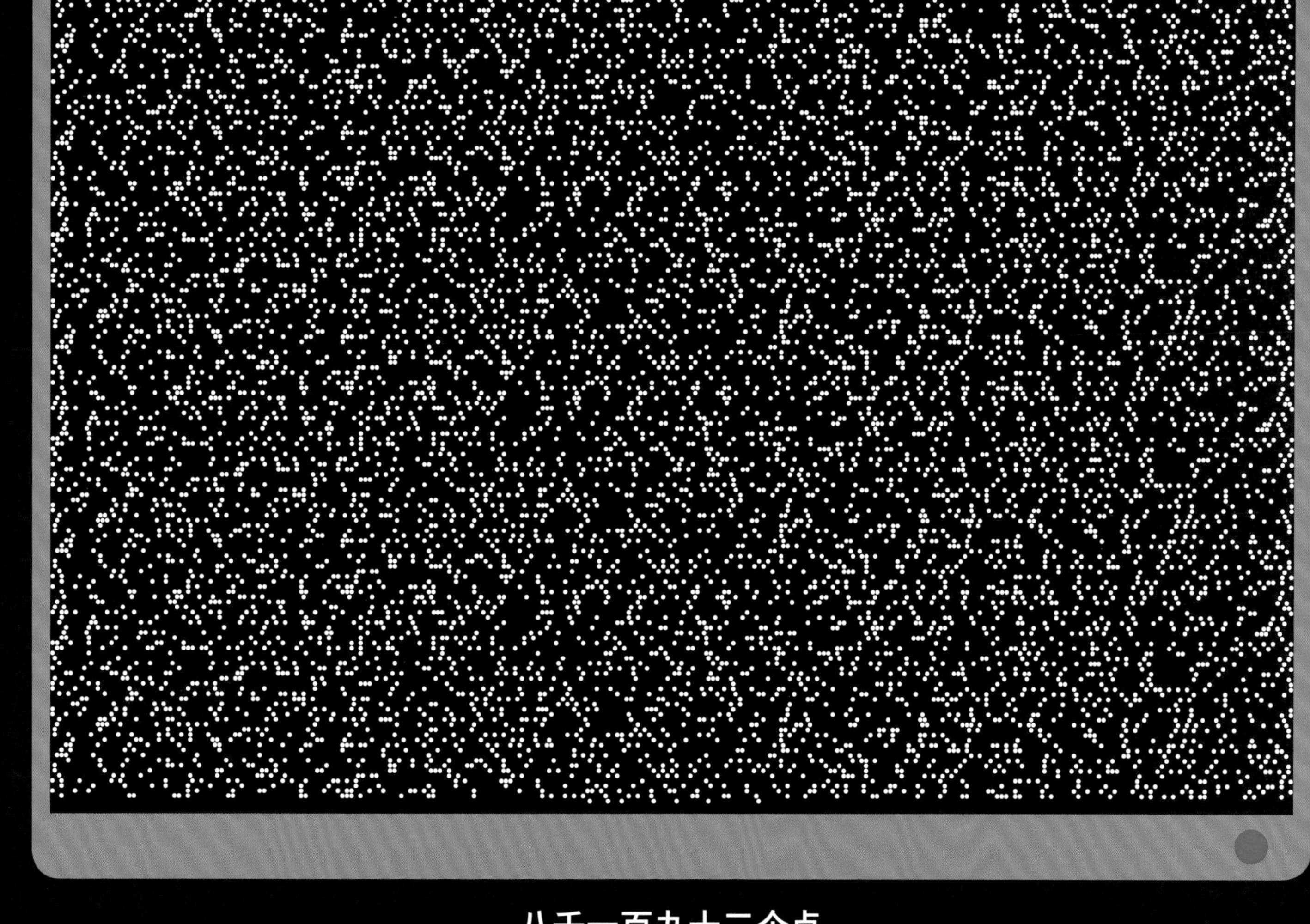

八千一百九十二个点

8,192 + 8,192 =

16,384

sixteen thousand, three hundred and eighty-four

一万六千三百八十四个点

16,384 + 16,384 =

32,768

thirty-two thousand, seven hundred and sixty-eight

三万二千七百六十八个点

32,768 + 32,768 =

65,536

sixty-five thousand, five hundred and thirty-six

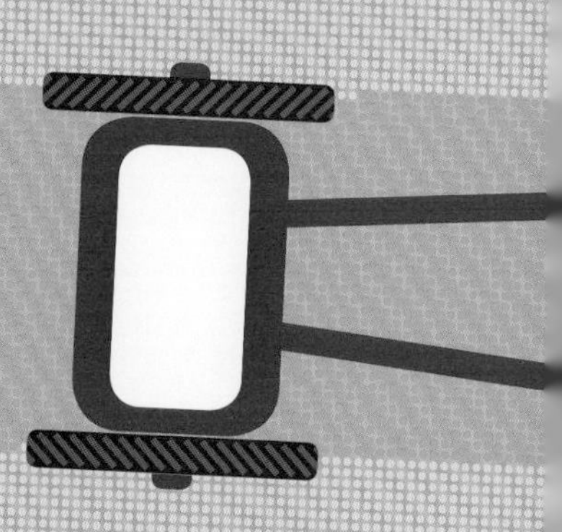

六万五千五百三十六个点

65,536 + 65,536 =

131,072

one hundred and thirty-one thousand and seventy-two

131,072 + 131,072 =

262,144

two hundred and sixty-two thousand, one hundred and forty-four
二十六万二千一百四十四个点

262,144 + 262,144 =

524,288